爱上 ♥ 杯料理

孙晶丹　主编

四川科学技术出版社

目录 Contents

第三章
独享一杯甜点幸福

目录 Contents

第四章

轻食料理一杯（罐）搞定

第一章

美味的杯料理——
杯子的选择与
食材备料

您还认为杯子只能用来泡面或是泡饮品吗？

从今天开始，杯料理有了新的变化，

您可以吃到甜点、焗烤菜品以及饭、粥、面等料理，

而且一杯即可包含丰富食材，

分量完全由您灵活决定。

健康、美味、时尚，

轻松满足您的味蕾的各种需求。

但是，在开始制作美味的杯料理之前，

杯子的选择与食材的备料，

都要先了解清楚哦！

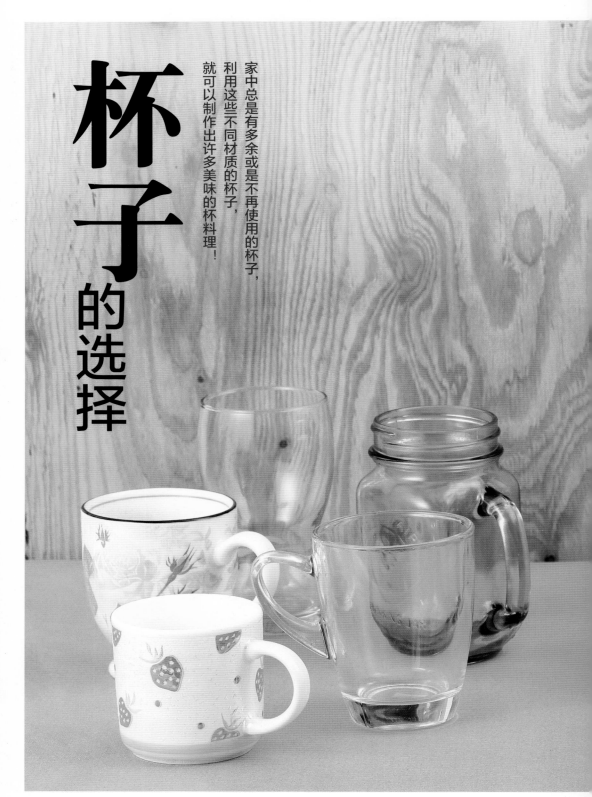

杯子的选择

家中总是有多余或是不再使用的杯子，利用这些不同材质的杯子，就可以制作出许多美味的杯料理！

材质、耐热度介绍

　　食材要进烤箱、微波炉或电饭锅烹调的话，必须选择陶瓷或耐热的杯子，而且不能有金属材质在杯口边缘或是杯内。另外，金属类杯子如钢杯、焖烧杯、保温杯等，是不能放进微波炉中加热的；塑料类杯子也需注意其耐热度。

　　如果制作轻食类的杯料理，可以选择透明材质的玻璃杯或玻璃罐，因为其不耐高温，须避免 85℃以上的温度，合适的温度在 5 ~ 85℃之间，而且要避免冷热交错使用。在制作轻食类杯料理，如沙拉时，如果有要加热的食材，可将其先放在耐热的杯中加热，再在玻璃杯中制作成沙拉。

9

烹调**方法**

　　由于杯子的容量不大，因此不论是哪种烹调方式，都要注意温度的掌控；食材也需注意切块的大小，较硬的食材不宜切太小或太大块，以免让食物有烧焦或是不熟的情况产生。

 ## 如何控制温度？

　　本食谱中利用了微波炉、电饭锅与烤箱来进行加热。

微波炉—— 标示"微火""小火""中火"代表加热的时间，若是无法确定所需时间的长度，建议皆从中、小火开始测试。

电饭锅—— 建议使用传统型电饭锅，方便放置马克杯等容器加热；另外，持续插着插头则有保温的作用。

烤箱—— 一般家用小型烤箱就可以。每次加热前，要先预热 3 ～ 5 分钟后再将食材放入。

掌握好分量，让你得心应手

　　杯料理是以小杯制作为主，分量上会比一般料理少。虽然分量多少可以依自己的喜好决定，唯独食材比例的计算，还是需要依照一定的数据。建议买一套多用途的量匙与量杯，这样料理起来就会比较方便、顺手。

第二章

一杯量身定量的美味料理

您是上班族、便当族、外食族吗？

抛开那些不健康的食物，

自己动手做，简单又轻松。

预先做，随时吃，

放入烤箱、微波炉或电饭锅，

用马克杯就可以做出热呼呼的美味料理啰！

*本章所示范的马克杯容量为 300 ~ 350 毫升；泡面
　杯容量为 500 毫升；咖啡杯容量为 150 毫升。

Lunch

休息一下，来杯活力午餐吧!

您是外食族吗？现在开始，我们一起做出一杯美味料理，
简单吃、变化多，为下午的工作增添元气吧!

塔香白酒海鲜杯

蛤蜊、虾、鱼片、西红柿、
墨鱼、大蒜、白酒、奶油、
罗勒叶（即鱼香菜）、黑
胡椒

做法详见 第 40 页

扫一扫，即可看
本食谱视频

韩式辣酱烧肉

韩式辣酱、洋葱、火锅猪肉片、大白菜、胡萝卜、酱油、烧酒、白芝麻

做法详见 第47页

扫一扫，即可看本食谱视频

17

鲑鱼茶香泡饭

鲑鱼、白饭、茶叶、
昆布高汤、海苔、芥
末、盐

做法详见 第48页

扫一扫，即可看
本食谱视频

累了吗？准备晚餐，为自己加油打气……

在夜晚灯火通明的时候，放下手边的烦心事，
来一杯美味料理犒赏自己吧！

辣豆腐味噌拉面

味噌、昆布高汤、板
豆腐、香菇、洋葱、
快煮面、葱、包菜（即
卷心菜）、辣椒、豆
芽菜

扫一扫，即可看
本食谱视频

做法详见 第45页

干贝丝瓜煮

食材

干贝 10 克
丝瓜 150 克
虾米少许
香菇 10 克
姜少许
米酒 5 毫升
盐少许

加热器具：

电饭锅

所需容器：耐热马克杯

步骤

备料：

1. 丝瓜洗净后除去外皮，切成段状。
2. 干贝剥成丝，虾米剁碎，香菇切片，姜切细丝备用。

烹调：

1. 将所有的食材放进马克杯中，加入米酒，再放入电饭锅中蒸熟。
2. 最后撒上少许盐，并稍微搅拌即可。

小贴士

1. 这里使用的是干干贝，风味会比较浓郁。
2. 这道料理也可加入面线食用，十分清爽好吃。

日式亲子饭

食材

洋葱 25 克
鸡蛋 1 个
去骨鸡腿排 100 克
酱油 5 毫升
烧酒 2 毫升
米酒少许
葱花少许
柴鱼高汤 80 毫升
热白饭 100 克

加热器具：

微波炉

所需容器：烹调用的耐热马克杯、宽口泡面杯

步骤

备料：

1.洋葱切丝，鸡腿排切成刚好入口的大小。

2.鸡蛋稍微打散即可。

烹调：

1.将洋葱与鸡肉放入马克杯中，加入酱油、烧酒、米酒与柴鱼高汤，再放入微波炉以中大火加热4~5分钟。

2.将已打散的蛋汁淋在上面，再放入微波炉1~2分钟，至蛋汁略为凝固即可。

3.取一个泡面杯，并装入热白饭。

4.将烹调2的食材倒在热白饭上，撒些葱花即可食用。

小贴士

1.高汤不宜太多，以免酱汁太稀而无法被蛋汁包覆。

2.鸡肉避免切太厚，这样才能均匀地受热、熟透。

老妈风味瓜仔蒸肉

 食材

猪绞肉适量
（绞肉的分量视杯子大小来决定）
腌黄瓜罐头适量
（绞肉与腌黄瓜比例约 8:1）
蒜头 2 克
米酒少许
酱油 5 毫升
面粉少许
白胡椒少许

步骤

备料：
腌黄瓜与蒜头切成细丁备用。

烹调：
1.将所有的食材放入杯中，搅拌均匀，当呈现微微的黏稠状就可以了。
2.放入电饭锅中加热至熟后即可食用。

所需容器：宽口马克杯

加热器具：

电饭锅

小贴士
1.腌黄瓜本身已经带有咸味，所以酱油的分量可以随个人口味增减。
2.附上一碗白饭，或是土司面包就是营养的一餐。

沙茶墨鱼小炒

加热器具：

微波炉

食材

墨鱼 100 克
豆干 50 克
芹菜 20 克
蒜头少许
沙茶酱 5 克
酱油 5 毫升
米酒适量

步骤

备料：

1. 墨鱼斜切成适当入口的薄片，并用米酒稍微腌一下。
2. 豆干切片，芹菜切段，蒜头切丁备用。

烹调：

1. 将处理好的食材放入杯中，加入适量酱油、米酒。
2. 放进微波炉中加热3~4分钟。
3. 取出之后，加入沙茶酱拌匀即可食用。

小贴士

豆干可以事先放置在冷冻库中，冻过之后会产生孔洞，有利于酱汁的吸附。

泰式海鲜宽粉

 食材

宽粉适量
（可依杯子的大小决定分量）

虾仁 20 克

蛤蜊 30 克

墨鱼 50 克

鱼片 50 克

西红柿 25 克

泰式风味高汤块 50 克

柠檬汁少许

罗勒叶 5 克

步骤

备料：

1. 先将宽粉泡水软化约20分钟，至变成透明的程度。
2. 海鲜料洗净，切成适当的大小备用。
3. 西红柿切小块。

烹调：

1. 将宽粉、海鲜料、西红柿块、高汤块一并放入马克杯中。
2. 加水约八分满，放入电饭锅中，锅中杯外加入约100毫升水。
3. 待加热完成后取出，搅拌一下。
4. 放入罗勒叶，并挤入适量柠檬汁即可。

加热器具：

 电饭锅

所需容器：宽口马克杯

小贴士

1. 蛤蜊买回来后要先泡水吐沙，以免加热后汤底混浊。
2. 可在大卖场或进口超市购买泰式风味高汤块。

培根蘑菇蒸蛋

食材

培根 50 克
蘑菇 30 克
鸡蛋 1 个
盐少许
葱花适量

步骤

备料：

1. 培根切成细丁，蘑菇洗净后切片备用。
2. 鸡蛋与水以 1:2 的比例混和拌匀，可加入少许盐提味。

烹调：

1. 将培根丁与蘑菇片放入咖啡杯中。
2. 将蛋汁倒入杯中，并用滤网过滤。
3. 放入电饭锅，锅中杯外加入 200 毫升水，锅盖勿盖紧，用一根筷子挡住后加热。
4. 待蛋汁凝固后即可取出，撒上葱花提味即可。

加热器具：

电饭锅

所需容器·宽口咖啡杯

小贴士

1. 搅拌蛋汁的动作要轻柔，避免将过多空气打入，也不要打至起泡。
2. 锅盖用筷子挡住，可避免过多的热蒸汽造成蛋汁表面有气泡的小孔洞。

烤太阳蛋

鲜鸡蛋 1 个
洋葱 25 克
韩式泡菜少许
白饭 250 克
牛肉片 50 克
奶油少许

步骤

备料：
1.将洋葱、泡菜和牛肉片切碎，拌匀。
2.咖啡杯的杯壁涂上薄薄一层的奶油。

烹调：
1.白饭置于杯子底部，中间再放上备料1的食材。
2.将蛋打在上面，再放入烤箱中，烤至蛋的表面凝固（蛋白变成白色）即可。

加热器具：

烤箱

所需容器：宽口泡面杯

小贴士

入烤箱前可在杯子外的烤盘底部放少许温热水。

烤咖喱通心粉

 食材

咖喱块 20 克
通心粉适量
（可依杯子的大小决定分量）
胡萝卜 25 克
蘑菇 30 克
洋葱 25 克
鸡胸肉 100 克
拔丝起司适量

步骤

备料：

1. 胡萝卜与洋葱切成小丁，鸡胸肉切成小块，蘑菇切片。
2. 通心粉烫熟，放入马克杯备用。

烹调：

1. 先将备料1放入另一个马克杯中，加少许水与咖喱块，放入微波炉加热约4分钟。
2. 取出后将已溶化的咖喱拌匀，再倒入装有通心粉的杯中。
3. 均匀撒上拔丝起司，放入烤箱烤至表面金黄色即可。

加热器具：

 微波炉

 烤箱

所需容器：耐热马克杯 2 个

小贴士

也可加入少许白酱混和咖喱酱汁，再撒上起司，会有一种淡淡的奶香味。

烤起司土豆

 食材

土豆 100 克
培根少许
玉米粒少许
起司片 1 片

步骤

备料:

将培根、起司片切碎,土豆洗净后切小块备用。

烹调:

1. 土豆放入杯中,进微波炉以中大火微波加热4~5分钟。
2. 取出后加上培根、玉米粒、起司片,再放入烤箱中烤至表面呈金黄色即可。

加热器具:

 微波炉

 烤箱

所需容器:耐热马克杯

小贴士

1. 把培根换成意大利肉酱或台式肉酱也非常美味哦!
2. 也可最后撒上葱花提味。

创意麻婆豆腐

食材

豆腐 25 克
肉酱 50 克
大蒜少许
葱花 5 克
辣椒少许
辣豆瓣酱 15 克
芝麻油少许

加热器具：

微波炉

所需容器：耐热咖啡杯

步骤

备料：

1.将肉酱的油脂稍微沥干备用。
2.大蒜、辣椒切成细丁，豆腐切小块。

烹调：

1.将豆腐放入杯中，再依序放入大蒜、辣椒、辣豆瓣酱与肉酱，放进微波炉中加热3~4分钟。
2.最后撒上葱花、淋上芝麻油提味，拌匀即可食用。

小贴士

豆腐选用板豆腐或是嫩豆腐皆可。

塔香白酒海鲜杯

所需容器：美式咖啡杯

加热器具：

电饭锅

 食材

蛤蜊 40 克
虾 20 克
鱼片 30 克
西红柿 25 克
墨鱼 50 克
大蒜 3 克
白酒 15 毫升
奶油 5 克
罗勒叶 5 克
黑胡椒少许

步骤
....

备料：
1.蛤蜊泡盐水吐沙，墨鱼切成小块。
2.大蒜切片备用，西红柿切成小块。

烹调：
1.将所有海鲜放入杯中，再加入白酒、大蒜
　与西红柿，放进电饭锅蒸熟。
2.取出杯子，拌入奶油，撒上黑胡椒与撕碎
　的罗勒叶即可。

小贴士
1.最后拌入奶油，只是为了提出香
　气，所以不宜放入太多。
2.喜爱吃辣者也可以加入切碎的生辣
　椒一起加热。

意式肉酱千层杯面

食材

意式红酱适量
牛绞肉 50 克
水饺皮 5 片
西红柿 25 克
罗勒叶 5 克
拔丝起司适量
青椒 20 克

步骤

备料：
西红柿切丁，青椒切丝备用。

烹调：
1. 将意式红酱与牛绞肉混合均匀，放入微波炉加热约3分钟。
2. 将加热好的肉酱与罗勒叶、水饺皮交错堆叠，再放入微波炉微波加热3~4分钟。
3. 在绞肉最上一层加西红柿丁与青椒丝。
4. 撒上拔丝起司，放进烤箱中烤至金黄色即可。

加热器具：

微波炉

烤箱

所需容器：宽口泡面杯

小贴士

1. 也可将牛绞肉替换成猪绞肉，或是牛肉和猪肉各半。

2. 水饺皮也可以馄饨皮代替，如果觉得馄饨皮太薄，每一层可以用2~3片馄饨皮以增加厚度。

辣豆腐味噌拉面

食材

味噌 15 克
昆布高汤 50 毫升
板豆腐适量
香菇 10 克
洋葱适量
快煮面 50 克
葱 5 克
包菜适量
辣椒 30 克
豆芽菜少许

加热器具：

电饭锅

所需容器：耐热咖啡杯

步骤

备料：

1. 板豆腐与包菜切小块，香菇切片，洋葱切丁，豆芽菜洗净，葱与辣椒切细备用。
2. 快煮面放入碗中加水，用电饭锅蒸熟后捞起备用。

烹调：

1. 将备料1的食材放入杯中，加入昆布高汤，淹过食材，再放入电饭锅中蒸熟。
2. 取出后将味噌趁热拌入，再将煮熟的面条放入杯中即可。

小贴士

这是一道蔬食料理，也可依个人喜好变化风格，例如加入少许的鲑鱼，可以增添风味。

韩式辣酱烧肉

 食材

韩式辣酱适量
洋葱 10 克
火锅猪肉片 60 克
大白菜少许
胡萝卜 25 克
酱油 5 毫升
烧酒少许
白芝麻适量

加热器具：

微波炉

所需容器：耐热马克杯

步骤

备料：

1. 洋葱、胡萝卜切丝，大白菜切成段。
2. 火锅猪肉片切成小块。

烹调：

1. 将大白菜、洋葱与胡萝卜丝放入杯中，放进微波炉加热约2分钟至菜叶变软。
2. 取出后加入火锅猪肉片、韩式辣酱、酱油与烧酒，再次进微波炉以中大火微波加热3~4分钟，至肉片熟透为止。
3. 取出后拌匀，撒上白芝麻即可。

小贴士

1. 大白菜加热后会释出水分，因此杯子装约五分满即可。
2. 微波炉因功率不同加热时间会有所差异，可自行斟酌增减。

鲑鱼茶香泡饭

食材

鲑鱼 50 克
白饭 150 克
茶叶少许
昆布高汤 100 毫升
海苔适量
芥末少许
盐少许

所需容器：耐热马克杯

加热器具：

 微波炉

步骤

备料：
鲑鱼切成小丁备用，茶叶用热水冲开。

烹调：
1. 将白饭放入杯中，鲑鱼置于饭上，撒上盐，放入微波炉加热约3分钟。
2. 昆布高汤与热茶混和，冲入杯中，再撒上海苔，最后点缀芥末即可。

小贴士
1. 这是一道清爽的主食，可和腌渍小菜一起搭配食用。
2. 热茶和高汤的比例可依照自己的喜好来调整。

罗勒青酱蕈菇炖饭

所需容器：耐热马克杯

加热器具：

微波炉

食材

罗勒青酱 30 克
蕈菇适量
（蘑菇、雪白菇、鸿喜菇皆可）
白饭 100 克
起司粉适量
西红柿少许
洋葱少许
液态鲜奶油少许
奶油少许
白酒少许
盐少许

步骤
....

备料：
蕈菇、洋葱与西红柿切丁备用。

烹调：

1. 将备料、白酒、盐及奶油放入杯中，放入微波炉加热3~4分钟。
2. 罗勒青酱与液态鲜奶油混合均匀。
3. 把烹调1、2的食材与白饭拌匀。
4. 放入微波炉加热3~4分钟，再撒上起司粉即可。

小贴士

罗勒青酱可在进口食品超市或卖场购买，或是自行将罗勒叶加上橄榄油，再与大蒜混合，放入果汁机中打匀即成。

第三章

独享一杯甜点幸福

利用杯子简单创作料理，

快速又轻便，不需要太多工具和熟练技巧，

轻松做出属于自己的味道，

享受一下品尝甜点的片刻幸福时光。

＊本章所示范的马克杯容量为 300 ~ 350 毫升；泡面
杯容量为 500 毫升；咖啡杯容量为 150 毫升。

Afternoon Tea

一个人的下午茶时光

一个属于自己的地方，来一杯幸福甜点，
享受静谧的午后时光！

白酒水果冻

白糖、白酒、柠檬汁、
水果切块、鱼胶

第56页

扫一扫，跟着学
本台，精彩继续

英伦布丁面包

法国或欧式面包、牛
奶、鸡蛋、白糖

做法详见 第59页

扫一扫，即可看
本食谱视频

白酒水果冻

所需容器：耐热马克杯、玻璃杯（或是玻璃罐）

加热器具：

微波炉

 食材

白糖 40 克
白酒 150 毫升
柠檬汁 15 毫升
水果切块适量
鱼胶 10 克

小贴士

鱼胶碰到酸性液体会较不易凝固，且不同品牌的鱼胶也会有不同效果，可以自行斟酌使用的分量。

步骤

备料：

1. 先将鱼胶泡冰水软化，再充分沥干水分，备用。
2. 各式水果切成小块。

制作：

1. 将水和白糖放入耐热马克杯中，放入微波炉加热至白糖溶化，再放入鱼胶。
2. 取出，稍微放凉后加入白酒与柠檬汁，搅拌均匀。
3. 玻璃杯中放入水果丁，再倒入马克杯中的液体。
4. 最后放入冰箱冷藏至凝固即可。

杯子蒸蛋糕

所需容器：耐热马克杯

加热器具：
电饭锅

 食材

松饼粉 30 克
白糖 15 克
鸡蛋 1 个
牛奶 15 毫升
奶油少许

步骤

制作：

1. 先在马克杯内抹上奶油。
2. 松饼粉与白糖放入杯中，混合均匀。
3. 依次打入鸡蛋、加入牛奶，拌至没有颗粒，制成面糊。
4. 面糊分量应约为杯子的一半。
5. 再放入电饭锅中，锅里杯外加100毫升水，蒸至面糊澎起来即可。

小贴士

也可在面糊中加点作装饰的蔓越莓或巧克力碎片一起蒸。

杯杯布朗尼

所需容器：耐热马克杯

加热器具：

微波炉

烤箱

 食材

烘培用黑巧克力砖 150 克

奶油 120 克

面粉 40 克

鸡蛋 3 个

白糖 70 克

可可粉 15 克

步骤

备料：

1. 面粉过筛，并均匀混合可可粉备用。
2. 鸡蛋打散后与白糖一起搅拌。
3. 巧克力砖与奶油一起放入微波炉熔化。
4. 再将备料2、3的食材混合，备用。

制作：

1. 马克杯内抹上少许奶油，放入已筛过的可可面粉（备料1）。
2. 分批加入备料4，慢慢将面糊混合均匀。
3. 放入烤箱170℃烤20~25分钟即可。

小贴士

若混合核桃或是香蕉泥一起烤，则会有不同的香气。

英伦布丁面包

加热器具：

🔲 烤箱

所需容器：耐热马克杯

 食材

法国或欧式面包适量
牛奶 100 毫升
鸡蛋 1 个
白糖 10 克

步骤

备料：

1. 将面包剥成小块后放入马克杯中备用。
2. 牛奶、鸡蛋、白糖混合后搅拌均匀，再稍微静置15分钟。

制作：

1. 把备料2倒入放好面包的马克杯中，稍微摇晃，让面包充分沾取液体。
2. 烤箱先150℃预热，再将食材放进去烤至表面凝固即可。

小贴士

1. 每台烤箱的强度不同，需要注意调整，以免烤焦。
2. 也可以用吃不完的面包来制作。

花生香蕉巧酥杯

所需容器：耐热马克杯

加热器具：烤箱

食材

花生酱少许
香蕉 100 克
消化饼 20 克
巧克力酱少许
冰激凌 1 球

步骤

备料：

1. 消化饼装入小塑料袋中弄碎，再加入花生酱混合后备用。
2. 香蕉切成片。

制作：

1. 将备料1铺在杯子最底部，约占杯体1/3的厚度。
2. 香蕉片铺在饼干上，放入烤箱中，烤至香蕉微焦。
3. 将杯子取出，上端置入一球冰激凌，再淋上巧克力酱即可。

小贴士

香蕉尽量选熟透的，这样香味较浓郁。

金薯冰激凌

加热器具：
电饭锅
微波炉

所需容器：耐热咖啡杯

食材

红薯 100 克
冰激凌 1 球
黑糖粉 10 克

步骤

备料：

1. 黑糖粉加入少许的水，放进微波炉加热至熔化呈稠状，即成黑糖浆。
2. 红薯洗净，去皮，切小块。

制作：

1. 红薯块放入咖啡杯中，放到电饭锅蒸熟，再捣成泥。
2. 在热红薯上，放置一球冰激凌，再淋上黑糖浆即可。

小贴士

这道料理简单又可爱，冰激凌可选择香草或抹茶口味的，都蛮搭的。

香芋椰奶西米露

 食材
芋头适量
西米露适量
椰奶适量

步骤

备料:
芋头切成小块备用。

制作:
1. 将切好的芋头块放入微波炉,以中大火微波加热4~5分钟。
2. 西米露放入杯中,加水至七分满,放入电饭锅蒸熟。
3. 滤出水分后,将西米露放入冷开水中稍微凉一下,再滤掉水分。
4. 加入部分椰奶拌匀。
5. 放入熟芋头块,淋上剩余的椰奶即可。

所需容器:耐热马克杯

加热器具:

电饭锅

微波炉

香草鸡蛋布丁

所需容器：耐热咖啡杯

加热器具：

电饭锅

微波炉

 食材

鸡蛋 1 个
牛奶 100 毫升
白糖 10 克
香草粉少许
焦糖淋酱少许

步骤

备料：

鸡蛋打散，动作尽量轻柔，不要有过多的气泡，备用。

制作：

1. 牛奶放入咖啡杯中，再放入微波炉以中小火微微加热（不要煮沸）。
2. 白糖与香草粉溶入牛奶。
3. 将已备好的蛋汁用滤网过滤至牛奶杯中。
4. 放入电饭锅，锅里杯外加100毫升水，锅与盖之间夹一根筷子让热气散出。
5. 待液体凝固，摇动杯子不会有液体流动即可。
6. 淋上焦糖淋酱即完成。

小贴士

锅与盖之间夹筷子可避免热气过大造成表面有孔洞。

烤布蕾

加热器具：

微波炉

烤箱

所需容器：耐热咖啡杯

 食材

鸡蛋 1 个
牛奶 100 毫升
白糖 20 克

步骤

备料：

鸡蛋打散，动作尽量轻柔，不要有过多的气泡，备用。

制作：

1. 牛奶装入咖啡杯中，加入10克白糖，再放入微波炉加热至糖熔化。
2. 将已备好的蛋汁用滤网过滤至杯中。
3. 放入烤箱，以150℃的温度隔水加热，烤50分钟。
4. 在烤好的布丁表面撒上剩余的白糖，再用烤箱烤至表面脆硬即可。

茶香梅子冻

加热器具：
微波炉

所需容器：耐热咖啡杯（或是玻璃杯）

食材
茶梅 6 克
果冻粉 5 克
茶汁 100 毫升
白糖 15 克

小贴士

1. 茶汁可用茶叶浸泡至喜爱的浓度，但切记不要浸泡过久，以避免有涩味；若使用有糖茶，则不需再加糖。

2. 白糖的分量可依个人口味增减。

步骤

备料：
将果冻粉与白糖拌匀，备用。

制作：
1. 茶汁到入马克杯中，放入微波炉加热。
2. 加入已拌匀的果冻粉与白糖，混合至没有颗粒为止。
3. 将茶梅放入杯中，倒入制作2的果冻液。
4. 待稍凉之后再放入冰箱中冷藏，至凝固即可。

甜蜜柠檬塔

加热器具：
微波炉

所需容器：耐热马克杯 3 个

 食材

消化饼 20 克
无盐奶油 50 克
柠檬汁 100 毫升
鸡蛋 2 个
白糖 80 克

小贴士

馅料搅拌要温柔，不要产生太多的气泡，以免有孔洞出现。

步骤

备料：

1. 将消化饼放入小塑料袋中捏碎，并放入马克杯中备用。
2. 鸡蛋打散，并与柠檬汁和白糖混合均匀。

制作：

1. 奶油放入马克杯中，放进微波炉加热至熔化，备用。
2. 将备料2也放入微波炉中，以微火加热2分钟。
3. 再与奶油（制作1）混合均匀，并轻柔地搅拌，稍微放凉。
4. 倒入装有消化饼碎片的马克杯，冷藏1小时，至凝固即可。

酥皮苹果派

所需容器：耐热马克杯

加热器具：

微波炉

烤箱

 食材

苹果 50 克
柠檬汁少许
白糖 10 克
消化饼 20 克
起酥皮 1 片

步骤

备料：

1.消化饼放入小塑料袋中捏碎，备用。

2.苹果连皮切小片，加入白糖与少许水，放进微波炉加热至变软、透明，再挤入柠檬汁提味。

制作：

1.消化饼碎片铺进马克杯底层，中间放上苹果馅，最上层再铺上起酥皮。

2.放入烤箱将起酥皮烤至澎起即可食用。

经典提拉米苏

加热器具：
热水一盆

所需容器：马克杯 3 个，咖啡杯 1 个

 食材

玛斯卡朋奶酪 100 克
鸡蛋 1 个
白糖 15 克
手指饼干 15 克
意式浓缩咖啡少许
朗姆酒少许
可可粉适量

小贴士

1. 手指饼干也可用海绵蛋糕代替。
2. 撒上可可粉可以避免潮湿。

步骤

备料：

1. 将鸡蛋分成蛋黄与蛋白。
2. 马斯卡朋奶酪放于杯中，在室温中退冰备用。
3. 混合咖啡与朗姆酒，将饼干略微浸湿后，压平铺于马克杯底部，备用。

打发：（使用马克杯）

1. 将蛋黄与7克白糖隔水加热，打至颜色变淡。
2. 再将蛋白与8克糖打至尖挺。（一定要用干燥的杯子，以免无法打发。）

制作：

1. 将蛋黄液分两次加至马斯卡朋奶酪中拌匀，再加入发泡蛋白，并拌至丝绸状。
2. 将起司糊倒在饼干上，放入冰箱冷藏4~5小时，食用前撒上可可粉即可。

69

熔岩巧克力

所需容器：咖啡杯

加热器具：

微波炉

烤箱

 食材

黑巧克力块 80 克
奶油 40 克
鸡蛋 1 个
低筋面粉 15 克
白糖 5 克

步骤

备料：

1. 将低筋面粉与白糖混合，备用。
2. 鸡蛋打散，备用。

制作：

1. 将黑巧克力块与奶油放入杯中，用微波炉加热至熔化。
2. 将备料1、2分次加入制作1的巧克力杯。
3. 拌匀之后放入烤箱，烘烤至表面隆起、微微变硬即可。

小贴士

1. 此道料理要趁热享用，才会有熔化的巧克力浆流出。
2. 表面可撒上作装饰的糖粉。

所需容器：耐热马克杯

加热器具：

微波炉

柠檬冻起司蛋糕

 食材

奶油起司 120 克

奶油 10 克

糖粉 40 克

香草粉少许

柠檬汁 5 毫升

鲜奶油 50 克

柠檬皮少许（需去除白膜的部分）

消化饼 20 克

小贴士

不喜欢较酸口感者，可省略柠檬汁或是换成手工果酱！

步骤

备料：

将奶油放入微波炉熔化成液状，消化饼压碎并混合奶油，放进马克杯底部，再冷藏使其凝固。

制作：

1. 奶油起司室温融化，加糖粉与香草粉打至柔滑状，再加入柠檬汁拌匀。
2. 鲜奶油打至坚固的程度。
3. 混和制作1、2的食材，加柠檬皮提味。
4. 倒入已冷藏有饼干的马克杯中，最后再放入冰箱冷藏4~5小时即可。

蓝莓果酱奶酪

 食材

蓝莓果酱适量
牛奶 150 毫升
鲜奶油 100 毫升
鱼胶 5 克
白糖 10 克

加热器具：

微波炉

所需容器：耐热马克杯

步骤

备料：

1. 鱼胶泡冷水，软化后挤干备用。
2. 鲜奶油打至较结实的程度后备用。

制作：

1. 牛奶与白糖倒入马克杯中，放进微波炉加热（勿煮滚），再放入挤干的鱼胶加热至融化。
2. 将备料2的鲜奶油分3次加入杯中。
3. 最后放入冰箱中冷藏至凝固，食用前淋上蓝莓果酱即可。

小贴士

1. 鱼胶一定要挤干，因为残留的水分会使成品不容易凝固。
2. 果酱也可用新鲜的水果切片代替。

第四章

轻食料理一杯（罐）搞定

您如果每天急忙赶着上班、上课，

可以试着制作美味又可口的轻食料理，

初学者也能轻松制作完成，而且携带方便。

＊本章所示范的马克杯与玻璃罐（玻璃杯）容量为
300 ~ 350 毫升。

Breakfast

早餐，一天美味的开始……

随性的轻食料理，在早晨带给你洋溢的活力，
这就是一种生活的态度，一种简单的幸福，早安！

优格水果沙拉

新鲜水果、原味优
格、果酱、玉米谷片

做法详见 第107页

扫一扫，即可看
本食谱视频

太阳蛋烤意式蔬菜

鸡蛋、西蓝花、南瓜、
圣女果、毛豆、起司
粉、意式红酱

做法详见 第78页

扫一扫，即可看
本食谱视频

太阳蛋烤意式蔬菜

食材

鸡蛋 1 个
西蓝花 30 克
南瓜 20 克
圣女果 15 克
毛豆适量
起司粉少许
意式红酱少许

步骤

备料：

将西蓝花、南瓜与圣女果切成小块后与毛豆一起放入马克杯中。

烹调：

1. 加入意式红酱，放入烤箱烤至蔬菜熟透。
2. 取出之后在表面打上鸡蛋，再放进烤箱烘烤至表面凝固。
3. 最后撒上一些起司粉提味即可。

所需容器：耐热咖啡杯

加热器具：

烤箱

和风鲔鱼罐沙拉

所需容器：附盖子的玻璃罐

食材
- 水煮鲔鱼罐头 50 克
- 西红柿 25 克
- 小黄瓜 25 克
- 水煮蛋半个
- 生菜适量
- 和风酱少许
- 洋葱丝少许

步骤

备料：
1.小黄瓜与西红柿切成小块。
2.水煮蛋可以切块或是切片。

和风酱：
可在卖场直接购买，或自行将适量橄榄油、5毫升法式芥末子、15毫升昆布酱油、少许柠檬汁混合均匀即可制成。

装罐顺序：
将酱汁放入罐子最底层，再依序放入小黄瓜块、西红柿块、洋葱丝、水煮蛋、鲔鱼与生菜叶。

食用方法：
盖紧盖子，食用前先摇晃均匀后即可。

小贴士
罐沙拉制作步骤简单，视觉极佳，可以搭配自己喜欢的食材与酱汁，无论是在家料理或在外食用都很方便。

咖喱沙拉酱鸡肉沙拉

 食材

鸡胸肉 100 克
沙拉酱适量
咖喱粉少许
蜂蜜少许
盐少许
生菜适量
腰果或核桃少许

步骤

备料:
腰果或核桃切成碎丁。

酱汁:
沙拉酱、咖喱粉与蜂蜜混合后加入盐拌匀,备用。

烹调:
鸡胸肉放入电饭锅,蒸熟之后放凉,再切成细条状。

装罐顺序:
在玻璃罐内装入生菜,放入鸡肉与备好的酱汁,撒上少许腰果或核桃碎丁。

食用方法:
可直接开罐食用或是盛装在小盘上分食。

所需容器:附盖子的玻璃罐

加热器具:

电饭锅

小贴士
沙拉酱的比例没有绝对,可以依照自己的口味来调整。

柚子鳗鱼沙拉

 食材

鳗鱼 50 克
新鲜柚子适量
洋葱少许
西红柿少许
包菜叶 20 克
橄榄油少许
酱油 5 毫升
芥末子少许

步骤

酱汁：
将橄榄油、酱油与芥末子混合，再加入新鲜柚子汁与果肉即成。

烹调：
将鳗鱼放入烤箱烤至表面微脆，切小块备用。

装罐顺序：
包菜叶与洋葱切成细丝，放入玻璃罐中，再加西红柿，最后铺上鳗鱼块。

食用方法：
食用前淋上酱汁即可。

加热器具：

烤箱

所需容器：玻璃罐

红酒醋甜椒沙拉

食材

红椒、黄椒各 40 克
圣女果 50 克
红酒醋少许
橄榄油少许
盐、胡椒各适量

步骤

备料：
圣女果对半切开。

酱汁：
将红酒醋、橄榄油拌匀。

烹调：
红椒、黄椒切细条，放入烤箱将表皮烤至微焦，再将皮去除，加盐与胡椒提味。

装罐顺序：
去皮后的红椒、黄椒放入玻璃罐中，再放入圣女果，并加入已调好的酱汁。

食用方法：
静置约15分钟即可食用。

所需容器：附盖子的玻璃罐

加热器具：

烤箱

小贴士

红椒、黄椒的外皮若仍无法除掉，可将其用锡箔纸包覆，让热气集中，再去皮就会容易许多。

柴鱼甜洋葱沙拉

所需容器：附盖子的玻璃罐

食材

柴鱼片少许
昆布一片
洋葱 50 克
酱油 15 毫升
烧酒 5 毫升
梅子 10 克
白糖少许

步骤

昆布高汤：

1.昆布放入滚水中，静置30分钟得汤汁。
2.汤汁混合酱油、烧酒和白糖即可。

备料：

1.洋葱切细丝，泡冰水30分钟。
2.梅子切碎备用。

装罐顺序：

洋葱捞起后装入玻璃罐中，再倒入昆布高汤，放入梅子与柴鱼片。

食用方法：

浸泡4~6小时，待洋葱变软且充分入味后即可食用。

小贴士

1.洋葱泡冰水可去除辛辣味，而将原本的甜味保留下来。
2.此道料理可当成佐餐的开胃小点。

泰式鲜虾坚果沙拉

食材

虾仁 30 克
坚果少许
生菜少许
菠萝少许
小黄瓜 40 克
圣女果 30 克
泰式酸甜酱适量
柠檬汁少许

步骤

备料：
1.虾仁放入马克杯中，用电饭锅蒸熟。
2.菠萝、小黄瓜与圣女果切成小块备用。

酱汁：
泰式酸甜酱挤入柠檬汁即成。

装罐顺序：
泰式酱汁倒入玻璃罐底层，再放入菠萝、小黄瓜、圣女果、生菜与虾仁，最后撒上坚果。

食用方法：
开罐即食。

加热器具：

电饭锅

所需容器：耐热马克杯，附盖玻璃罐

土豆丁蘑菇沙拉

食材
土豆 80 克
蘑菇 20 克
红椒 20 克
迷迭香少许
圣女果 15 克
培根 20 克

步骤

备料：
1.土豆洗净，连皮切成小块。
2.蘑菇切成段。
3.红椒切条。
4.培根切细条。
5.圣女果切成小块。

烹调：
1.将土豆、蘑菇、红椒放入耐热马克杯中，用微波炉加热4~5分钟，并与迷迭香拌匀。
2.培根放入微波炉加热1~2分钟。
3.待凉后加入圣女果，再将所有食材混合均匀放入玻璃杯中即可。

所需容器：耐热马克杯，透明玻璃杯

加热器具：微波炉

小贴士

土豆可以吸收迷迭香的香气与培根的油脂。

凯撒沙拉

培根适量
吐司边适量
生菜适量
凯撒酱少许
起司粉少许

步骤

备料：
1.吐司边切成小方块。
2.培根切碎。

烹调：
将土司、培根放入烤箱烤至金黄色，放凉备用。

装罐顺序：
生菜用手撕成适当大小后放入玻璃罐中，再加上烤至酥香的培根、土司，淋上凯撒酱，撒上起司粉即可。

食用方法：
开罐即食。

所需容器：耐热马克杯，附盖玻璃罐

加热器具：

烤箱

小贴士
1.此道料理加入蒸煮的鸡胸肉也非常美味哦！
2.可到卖场购买现成或做好的凯撒酱。

西红柿罗勒冷拌螺旋面

 食材

西红柿 50 克
罗勒酱 10 克
起司粉适量
洋葱少许
杏仁少许
水煮蛋半个
螺旋面 150 克
黑胡椒少许

步骤

备料：
1.西红柿切小块，洋葱与杏仁切丁备用。
2.螺旋面烫熟，放凉备用。

装罐顺序：
依序放入螺旋面、西红柿块、洋葱丁、杏仁丁与水煮蛋。

食用方法：
淋上罗勒酱以及黑胡椒、起司粉即可。

小贴士

若是罗勒酱太浓稠，也可再混合少许橄榄油。

所需容器·玻璃罐

酪梨虾仁沙拉

食材

酪梨 50 克
虾仁 20 克
盐少许
香菜少许
胡椒少许
柠檬汁少许
玉米饼适量

步骤

烹调：

1. 虾仁放入马克杯中，再放入电饭锅蒸熟，放凉备用。
2. 酪梨取出果肉，加入盐、香菜、胡椒与柠檬汁，并反复捣碎将味道混合均匀。
3. 蒸熟的虾仁切小块，拌入酪梨果肉放入罐中。

食用方法：

食用时，用一片玉米饼包入酪梨虾仁沙拉即可。

加热器具：

电饭锅

所需容器： 耐热马克杯，附盖透明罐

小贴士

玉米饼可用市售味道较淡的现成品来使用。

食材

墨鱼适量
大蒜适量
辣椒 40 克
罗勒叶少许
白酒少许
盐少许
橄榄油适量
酱油 5 毫升
姜 6 克
柠檬汁少许

蒜味辣椒墨鱼

加热器具：
电饭锅

所需容器：耐热马克杯，透明玻璃罐

步骤

备料：
大蒜、辣椒与罗勒叶切细丁备用。

酱汁：
橄榄油、酱油与剁碎的姜混合，并加入少许柠檬汁即成。

烹调：
墨鱼洗净后放入马克杯，加盐与白酒，放入电饭锅蒸熟后放凉。

装罐顺序：
将墨鱼淋上酱汁装入罐中，在其上放上大蒜末、辣椒丁与罗勒叶即可。

墨西哥莎莎酱沙拉

食材

鸡胸肉 80 克
青椒 20 克
洋葱 25 克
西红柿 50 克
橄榄油少许
红椒粉少许
白糖少许
黑胡椒适量
生菜适量

所需容器：玻璃罐

加热器具：
烤箱

步骤

酱汁：

1. 青椒、洋葱、西红柿切碎丁后放入杯中，再加橄榄油。
2. 红椒粉与白糖稍微搅散，并与1的食材混合均匀即成莎莎酱。

烹调：

鸡胸肉撒上黑胡椒，放入烤箱烤熟，再切成小块备用。

装罐顺序：

生菜剥小块后先放入罐中，再在其上放上鸡胸肉，淋上莎莎酱即可。

蔬菜棒佐味噌酱汁

所需容器 · 玻璃罐

 食材

沙拉酱 30 克
味噌 5 克
柠檬汁少许
白糖少许
小黄瓜 80 克
胡萝卜 50 克
芹菜 30 克
白芝麻少许

步骤

备料：
胡萝卜去皮、芹菜去除纤维后与小黄瓜一起切成条状，放入玻璃罐中备用。

酱汁：
味噌先挤入柠檬汁，再加白糖拌匀，最后放入沙拉酱搅拌均匀。

食用方法：
将酱汁倒入小容器中，撒上白芝麻，将蔬菜棒沾取酱汁食用即可。

小贴士

味噌沙拉酱可依照自己的口味来调整各食材的比例。

优格水果沙拉

所需容器：透明玻璃罐

食材

新鲜水果切块（哈密瓜、苹果、橙子、猕猴桃、菠萝、草莓等皆可）

原味优格 30 毫升

果酱 5 克

玉米谷片少许

步骤

酱汁：

优格与果酱混合均匀即成。

装罐顺序：

1.将各式水果切块放入罐中，淋上酱汁。

2.再撒上玉米谷片即可

小贴士

这道料理的做法简单又方便，其中优格建议选用无糖口味的，再搭配微甜的果酱，整体口感刚好，不会过甜。

熏鲑鱼沙拉杯

所需容器：透明玻璃杯

加热器具：

烤箱

 食材

熏鲑鱼 30 克
酸豆少许
洋葱少许
吐司 20 克
西红柿 100 克
起司片 15 克
柠檬汁少许
生菜适量
黑胡椒适量

步骤

备料：

1. 熏鲑鱼切成小块，洋葱、西红柿切小丁，起司片切碎。
2. 吐司烤至金黄色，再切成小方块备用。

装罐与制作：

将酸豆、洋葱、西红柿、起司与生菜放入杯中混合均匀，并挤上柠檬汁与黑胡椒，再放上烤吐司，熏鲑鱼则放在烤土司之上。

小贴士

熏鲑鱼本身带有咸味，搭配酸豆、柠檬汁非常适合。

焖烧罐也可以做出好料理

焖烧罐料理再进阶啰!

想要做出健康又养生的佳肴,就先准备好焖烧罐。

一样只需预先稍做准备,利用身边现有的食材,轻松简单的一餐就完成了!

不用火和电,也能做出安心又健康的料理哟!

焖烧罐选择
享受做料理的幸福

材质、耐热度

使用规则：食物、饮品最多可盛装位置如图所示，请勿过量盛装，以免在旋紧上盖时，使内容物溢出而导致烫伤。

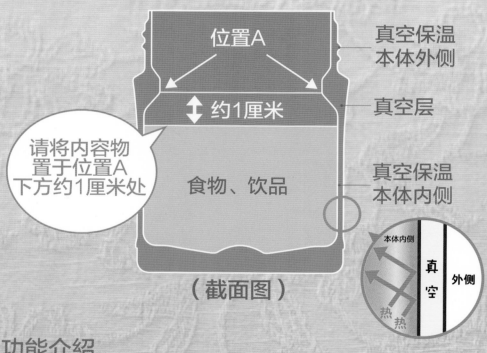

请将内容物置于位置A下方约1厘米处

位置A

约1厘米

食物、饮品

真空保温本体外侧

真空层

真空保温本体内侧

（截面图）

本体内侧

真空

外侧

热 热

功能介绍

煮粥、饮品保温杯（罐）、沙拉水果保鲜罐、冰块保冰罐。

☑焖煮（稀饭、面条）　☑保冰　☑保鲜　☑保冷　☑保温

冰块　　沙拉　　水果　　粥品　　汤品　　甜品

焖烧罐的使用方式

要让食物变熟，必须掌握两个重点：事前温杯与使用滚水。

1 置料

先将食材和滚水一起倒入罐中，盖上盖子。

2 预热

左右摇晃罐子，让热气均匀充满。

3 过滤

将热水倒出。

4 焖烧 & 静置

注入滚水至八分满，再将盖子盖紧，静置到适合的时间即可。

小贴士：

为了达到最佳保温焖罐效果，使用前请先加入少量热水，预热 1 分钟后倒出，再重新注入热水。

焖烧罐的基本烹调法 以下内容
以500毫升容量为例

主食烹调

焖饭

1. 将80克生米放入罐中，用滚水预热3分钟并搅拌，以免沾黏。
2. 将水滤出后，再次加入滚水，水量高度为五六分满，焖的时间约
   1.5小时。

小贴士：也可以混合少许泡过约2小时的五谷米一起煮。白米与五
谷米的比例约5：1。

焖粥

1. 将生米40克放入罐中，用滚水预热1分钟，稍微搅拌避免沾黏。
2. 滤出水之后，再加入滚水至八分满，旋紧瓶盖，焖约1.5小时。

焖面

1. 将50克面条放入罐中，注入滚水预热30秒，稍微搅拌避免沾黏。
2. 将水滤出后，再加入滚水至八分满，焖约6分钟，沥干水分备用。

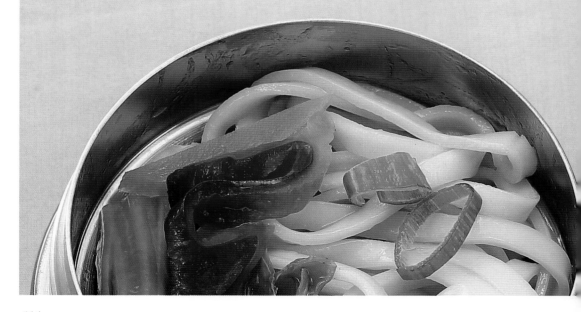

高汤烹调

蔬菜高汤

1. 将 80 克包菜、胡萝卜或洋葱等甜味蔬菜切成小丁，先用滚水预热食材。
2. 滤出后，再重新注入滚水至八分满，焖约 1.5 小时后去掉蔬菜即成为简易高汤。

昆布高汤

1. 将 50 克昆布洗净后切 2 厘米小段，放入杯中用滚水预热 2 分钟，滤出热水。
2. 再重新注入滚水至八分满，静置 10~20 分钟即可。

柴鱼高汤

1. 将 50 克柴鱼片冲入滚水，焖约 30 分钟即可。
2. 若再加入少许酱油与味醂来调味，即为日式料理的基底酱汁。

焖烧罐小贴士

食材一定要切成小丁，较硬的食材或生食材建议先温杯，避免长时间地焖煮。可准备两个焖烧罐，将重味道的或重菜品颜色的食材区别开来。

沸水的温度需为100℃。 → 依照食材的特性可以先预热。 → 若有放入冰箱的食材，请先解冻或是恢复至常温。

食材大小以切小丁、切丝为佳。

培根南瓜饭

Bacon and pumpkin risotto

 食材

培根适量，南瓜10克，干香菇15克，盐少许，西蓝花少许，白米100克

 步骤

1. 干香菇泡水，变软后切成细丝备用。
2. 培根切小段，南瓜切小丁，西蓝花切细丝。
3. 白米洗净，与南瓜丁一起放入焖烧罐中，加入滚水温杯约5分钟，轻轻摇晃使其受热均匀。
4. 倒出温杯的水，放入培根段、香菇丝，重新加入滚水至水面约高出白米一个指节。
5. 焖约2小时，在完成的饭上拌入西蓝花即可。（可试试味道,不够咸再撒上盐）

 小贴士

1. 焖烧罐最重要的就是，事前的温杯与焖的过程中都要使用100℃的水。
2. 食材尽量切成小丁，会比较容易熟透。

海鲜蔬菜粥

Seafood and vegetable congee

 食材

虾仁10克，吻仔鱼适量，白米150克，虾米少许，干香菇10克，姜6克，胡萝卜、包菜各少许，盐少许

 小贴士

1. 虾仁的肠泥要去除干净，可用牙签剔除或是对半切后用清水冲洗。
2. 可以事先备好煮滚的昆布高汤，以增加粥的风味；注入高汤的时机于步骤4时加入，倒掉温杯的热开水后，就可用高汤来焖煮了。

 步骤

1. 干香菇泡水，软化后与虾仁、胡萝卜一起切成小丁。
2. 虾米剁碎，姜切细丝，包菜切小块备用。
3. 白米洗净后与胡萝卜一起放入焖烧罐，注入滚水至水位线，温杯约5分钟。
4. 倒掉水，再放入其余食材，重新注入滚水至水位线，焖约3小时即可。

119

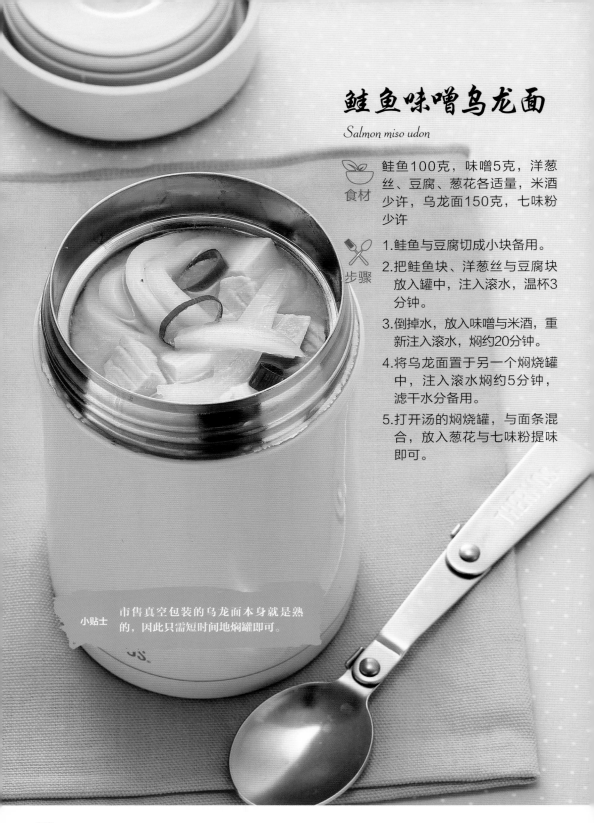

鲑鱼味噌乌龙面

Salmon miso udon

食材 鲑鱼100克,味噌5克,洋葱丝、豆腐、葱花各适量,米酒少许,乌龙面150克,七味粉少许

步骤

1. 鲑鱼与豆腐切成小块备用。
2. 把鲑鱼块、洋葱丝与豆腐块放入罐中,注入滚水,温杯3分钟。
3. 倒掉水,放入味噌与米酒,重新注入滚水,焖约20分钟。
4. 将乌龙面置于另一个焖烧罐中,注入滚水焖约5分钟,滤干水分备用。
5. 打开汤的焖烧罐,与面条混合,放入葱花与七味粉提味即可。

小贴士 市售真空包装的乌龙面本身就是熟的,因此只需短时间地焖罐即可。

120

家常风味什锦面

Home-cooked noodle soup with assorted ingredients

 食材

快熟面条100克，豆皮50克，葱5克，包菜10克，小白菜、猪肉丝、胡萝卜、木耳各少许，酱油15毫升，芝麻油、盐各少许

 步骤

1. 豆皮、包菜与木耳切成细条，葱切成小丁，胡萝卜切丝备用。
2. 猪肉丝放入罐中，注入滚水温杯。
3. 倒掉水，放入除面条外所有食材，焖约30分钟。
4. 面条放入另一个焖烧罐，注入滚水，摇晃以免沾黏，焖约6分钟，沥干水分备用。
5. 将所有食材与面条混合，淋上酱油、芝麻油，放入适量盐即可。

意式西红柿蔬菜贝壳汤面

Abissni minestrone

 食材

洋葱15克，西红柿50克，胡萝卜、月桂叶、蘑菇、包菜、西芹各适量，贝壳面150克，意式香料、盐、黑胡椒各少许

🍴 步骤

1. 所有食材切成小丁，备用。

2. 贝壳面放入焖烧罐中，注入滚水温杯3分钟，倒掉水再重新加滚水焖30分钟左右，备用。

3. 胡萝卜与西芹放入另一罐中，注入滚水温杯5分钟。

4. 倒掉水，放入剩余的食材与意式香料，重新加滚水至水位线，焖约1小时。

5. 加入盐与黑胡椒调味，再与焖好的贝壳面混合即可。

小贴士

1. 此道料理也可以加入少许培根碎，会有不同风味。

2. 贝壳面在温杯时记得摇晃，防止粘住；焖30分钟后若不马上食用，也可以将水滤掉，再关紧瓶盖保温即可。

红枣山药鸡汤

Yam and red date chicken soup

 食材

干香菇20克，红枣30克，枸杞少许，姜6克，
鸡小棒棒腿100克，山药适量，盐少许

 步骤

1. 干香菇泡水，软化后切成细条；红枣与鸡小
   棒棒腿划刀备用。
2. 山药切成小块，姜切细丝备用。
3. 将鸡小棒棒腿与山药放入罐中，注入滚水温
   杯约10分钟，再将水倒掉。
4. 放入剩余的食材，重新注入滚水。
5. 焖罐约3小时，食用前再酌量加盐提味即
   可。

 小贴士　鸡小棒棒腿记得先划刀，
会较容易熟透。

牛肉寿喜烧
Beef sukiyaki

食材
牛肉片、洋葱丝、魔芋丝各适量，杏鲍菇10克，胡萝卜少许，酱油15毫升，味淋5毫升，白糖少许

步骤

1. 杏鲍菇切成小块，胡萝卜切小丁备用。
2. 牛肉片与魔芋丝放入罐中，以滚水温杯5分钟。
3. 倒掉水后，放入所有食材，加入酱油及味淋，再倒入滚水至八分满后焖罐。
4. 最后加入白糖调味即可。

小贴士 寿喜烧是带有较多汤汁的料理，拿来拌面或饭都很好吃哦！

老奶奶的炖白菜
Grandma's stewed cabbage

食材
白菜适量（约占1/2个焖烧罐），虾米少许，干香菇20克，豆皮50克，姜片6克，胡萝卜适量，盐、芝麻油各少许

步骤

1. 白菜切成小块，虾米剁碎，干香菇泡水软化后切成片，豆皮切细条，姜片与胡萝卜切细丝备用。
2. 将白菜放入罐中，注入滚水温杯约10分钟。
3. 倒出水，再放入其他食材，重新加滚水焖罐约30分钟。
4. 最后加入盐与芝麻油提味。

冬瓜蛤蜊肉片汤

Melon soup with clam and pork

 食材

冬瓜80克，蛤蜊50克，姜片6克，猪肉片50克，米酒、盐各少许

 步骤

1. 蛤蜊泡盐水吐沙。
2. 冬瓜切薄片，姜片切细丝备用。
3. 将猪肉片和蛤蜊放入罐中，注入滚水温杯10分钟。
4. 倒掉水，再将其他食材和调料放入，重新注入滚水，焖约30分钟即可。

 小贴士　冬瓜尽量切薄片，这样较容易变软、入味。

125

小贴士 桂圆干本身带有甜味，可以视个人口味来决定其分量。

养身桂圆红枣茶

Longan jujube tea cultivation

食材 桂圆干适量，红枣40克，老姜9克

步骤
1.红枣划刀，姜切成细丁，桂圆干稍微切小块。
2.滚水温杯后放入所有食材，再重新注入滚水。
3.焖约1小时即可。

辣豆芽牛肉

Spicy beef with bean sprouts

食材

黄豆芽适量（约占1/3个焖烧罐），
韩式泡菜、洋葱各少许，豆干50
克，牛肉片适量，芝麻油、黑胡椒
各少许

步骤

1.洋葱切丝，豆干切细条备用。

2.牛肉片放入罐中，注入滚水温杯
约5分钟。

3.倒掉水，放入黄豆芽、豆干丝、
洋葱丝，重新注入滚水，焖约10
分钟，再沥干水分。

4.最后拌入韩式泡菜，加上芝麻油
与黑胡椒即可。

小贴士　肉片要先汆水以去除血水。

黑糖姜汁红薯牛奶

Brown sugar and ginger flavored sweet potato milk

食材

红薯200克，黑糖适量，老姜适
量，鲜奶少许

步骤

1.红薯洗净，去皮后切成小块；老
姜切片备用。

2.红薯放入罐中，注入滚水温杯。

3.倒出水，加入黑糖与老姜，重新
注入滚水焖罐约1小时。

4.食用前，依个人口味再混合鲜奶
即可。

小贴士　此道料理单吃也很美味，或是再
加入汤圆也别有风味！

图书在版编目（ＣＩＰ）数据

爱上杯料理 / 孙晶丹主编. —成都：四川科学技术出版社，2016.2

ISBN 978-7-5364-8290-6

Ⅰ．①爱… Ⅱ．①孙… Ⅲ．①食谱 Ⅳ.
①TS972.12

中国版本图书馆CIP数据核字(2016)第012931号

爱上杯料理
aishang beiliaoli

主　　编	孙晶丹
出 品 人	钱丹凝
策划统筹	深圳市金版文化发展股份有限公司
责任编辑	肖　伊　　陈敦和
责任出版	欧晓春
装帧设计	深圳市金版文化发展股份有限公司
出版发行	四川科学技术出版社
	成都市槐树街2号 邮政编码：610031
	官方微博：http://e.weibo.com/sckjcbs
	官方微信公众号：sckjcbs
	传真：028-87734039
成品尺寸	173mm×243mm
印　　张	8
字　　数	100千字
印　　刷	深圳市雅佳图印刷有限公司
版　　次	2016年3月第1版
印　　次	2016年3月第1次印刷
定　　价	29.80元

ISBN 978-7-5364-8290-6